超级科学家

气候与环境

[意] 费德里克·塔蒂亚　艾丽莎·帕拉齐 / 著
[意] 安东乔纳塔·费拉里 / 绘　崔鹏飞 / 译

Original title: Perché la terra ha la febbre?

www.editorialescienza.it
www.giunti.it
From an idea by Federico Taddia
Texts by Federico Taddia and Elisa Palazzi
Illustrations by AntonGionata Ferrari
Graphic design and layout by Studio Link (www.studio-link.it)
Simplified Chinese Character Rights are arranged through CA-LINK International LLC
www.ca-link.com
版权合同登记号:图字:11-2020-354 号

图书在版编目(CIP)数据

超级科学家. 气候与环境 / (意)费德里克·塔蒂亚,(意)艾丽莎·帕拉齐著;(意)安东乔纳塔·费拉里绘;崔鹏飞译. —杭州:浙江文艺出版社,2023.4

ISBN 978-7-5339-7089-5

Ⅰ.①超… Ⅱ.①费… ②艾… ③安… ④崔… Ⅲ.①科学知识—儿童读物②气候环境—儿童读物 Ⅳ.①Z228.1②X16-49

中国国家版本馆 CIP 数据核字(2023)第 002424 号

责任编辑 岳海菁　**装帧设计** 吕翡翠
责任校对 牟杨茜　**营销编辑** 周　鑫
责任印制 吴春娟　**数字编辑** 姜梦冉　诸婧琦

超级科学家·气候与环境

[意]费德里克·塔蒂亚　艾丽莎·帕拉齐 / 著
[意]安东乔纳塔·费拉里 / 绘　崔鹏飞 / 译

出版发行 浙江文艺出版社
地　　址 杭州市体育场路 347 号
邮　　编 310006
电　　话 0571-85176953(总编办)
0571-85152727(市场部)
制　　版 杭州天一图文制作有限公司
印　　刷 杭州富春印务有限公司
开　　本 710 毫米 × 1000 毫米　1/16
字　　数 76 千字
印　　张 8.5
插　　页 2
版　　次 2023 年 4 月第 1 版
印　　次 2023 年 4 月第 1 次印刷
书　　号 ISBN 978-7-5339-7089-5
定　　价 **35.00** 元

目录

如何阅读本书?

我们不奢望你打开本书，从第一页老老实实地读到最后一页——当然，如果你有时间、有耐心，那样也很好——人的思维总是在跳跃的，对于思维跳跃而发散的你来说，不妨试试随意打开本书的任意一页开始你的阅读体验。你会发现，这将是一次不同寻常的气候学之旅！

如果你最终读完此书，却还有一些疑问无法得到解决，恭喜你！因为一本成功的科普读物，虽然可以激发你的好奇心和求知欲，但真正的好奇心，却是无论多长的篇幅都无法满足的。

这次访问谁?

她出生在意大利的海边小城里米尼，不过她的研究却把她一直带到了喜马拉雅山脉。本集《超级科学家》的主角艾丽莎·帕拉齐，是一个“打破砂锅”都要“问到底”的人，她排球打得特别好，但是，对物理的热爱却让她选择了另一条道路。

如今她还是喜欢跑来跑去的，但每一天都是和数据、图表一起度过的。她致力于研究山区的气候变化及其影响，尤其是对水资源的影响。可以说，她为大山和它们的健康倾注了全部的心血！

你准备好了吗？翻过这一页，让我们一同走进探索气候奥秘的神奇之旅吧……

温室效应是好还是坏？

如果适量的话，温室效应还是有好处的。

真的吗？那温室效应有什么好处呢？

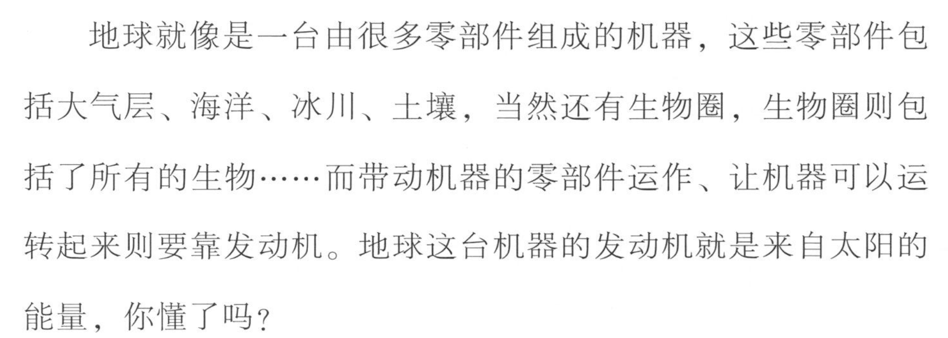

地球就像是一台由很多零部件组成的机器，这些零部件包括大气层、海洋、冰川、土壤，当然还有生物圈，生物圈则包括了所有的生物……而带动机器的零部件运作、让机器可以运转起来则要靠发动机。地球这台机器的发动机就是来自太阳的能量，你懂了吗？

懂了，那么是这些能量把我们晒黑的吗？

对，就是它们。不过好在它们还有更重要的事情要做。太阳光可以穿过大气层，照射在地面和海面上。当阳光照在非冰面或非雪地表面时，太阳的光线就不会被地表反射，反而会被地表吸收，令地表变热。

就像暖气片会散发热量一样，这些热量随后会从地表向空中扩散，穿过大气层。对生命非常重要的温室效应就这样产生了。

那这个温室怎么发挥作用呢？温室里一般都会生长着一

些观赏植物、蔬菜……

我们人类也生长在这个大温室里！在大气中存在的各种气体里，有一些气体对气候的影响是至关重要的，比如水蒸气、二氧化碳、甲烷、一氧化二氮和一些名字更复杂的气体。它们都有一个共同点——它们都是温室气体。温室气体能够留住并吸收一部分地表散发出来的热量，如果没有它们的话，这些热量就会流失到太空中去，这样一来，地球的平均气温就会下降到零下二十摄氏度左右。到那个时候，一切都会被永远地冰冻起来。

那得多冷啊！阿嚏……光是想想我就感冒了！所以，温室气体就像是一床被子吗？

不只是这样，它还有其他作用呢！在吸收了从地面散发出的热量之后，温室气体会再将热量向各个方向散发出去，其中也包括了地球表面，这样一来，地表就可以自己降温和升温了。也多亏了这三亿多年来的温室效应，我们的地球才可以保持现在十五摄氏度的理想平均气温。

那就没有问题了！这么说来，温室效应应该算是对人类有益的吧？

没错，自然产生的温室效应对人类来说应该是有益的，它就像是一个恒温器，可以调节地球的温度。即便从古至今，地球也曾经历过寒冷时期和炎热时期的交替（这种交替十分重要），但地球上的温度一直处于适宜的范围内，满足了各种生态系统和生物存在的条件。

那为什么还会有人说温室效应的坏话呢？

这个问题问得好！就像其他很多问题一样，这个问题也是人类造成的问题。大气中本就含有各类温室气体，不过如今它们的浓度已经不再是自然而平衡的状态，特别是从20世纪中叶开始，温室气体的浓度快速地升高了。为了满足对能源持续增长的需求，我们已经烧掉了大量的燃料，这些燃料基本来自古老的生物遗骸，它们存在于地底下或大海深处，已有百万年之久。而这些燃料就是我们平常说的化石燃料，如石油、天然气和煤炭。

既然它们都存在这么长的时间了，那烧掉又有什么坏处呢？

是的，它们确实已经存在了很长时间。但燃料的燃烧不仅会产生能量，还会产生二氧化碳这样的副产品，并且这些二氧化碳还会被排放进大气中。这样一来，大气的平衡状态就要跟

我们说“再见啦”，最后的结果就是温室效应的不断扩大。

那这个恒温器就坏掉了吗？

没错！所以，我们的地球变得越来越热了……

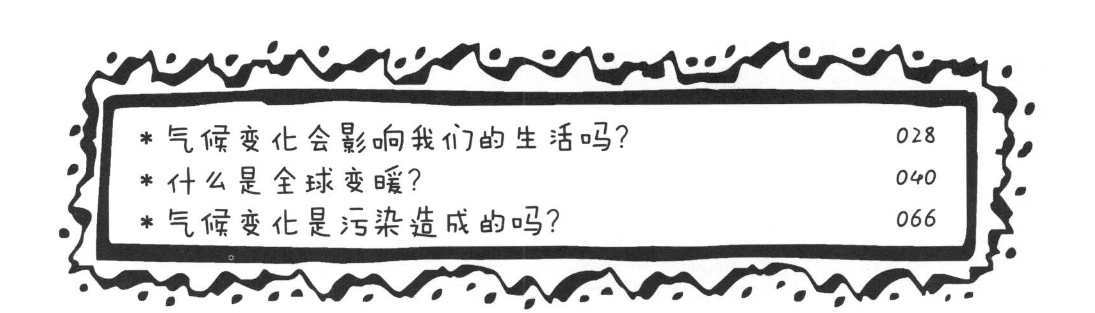

北极的冰会融化消失吗？

哎，是这样的。地球的气候正在发生变化，有一些区域的气温正在快速上升，北极就是其中之一。北极的海水结成的冰块，漂浮在海面上，形成了冰山。

另外，那里还有陆地冰川——覆盖在格陵兰岛地表的就是陆地冰川。近一百五十年来，北极圈的平均气温上升了两摄氏度，这个增长幅度是地球上其他地区的两倍。

那我们可以知道融化掉的冰川有多少吗？

当然可以。就拿格陵兰岛来说，根据卫星提供的数据，我

们发现在 2002 年至 2016 年间，一共有三万五千亿吨的冰川从该岛上消失了。这些冰川中的一部分是陆地冰川，另一部分是海上的冰川。

那以后会怎么样呢？

如果地球以现在的速度继续变暖的话，到 21 世纪末，北极在夏末的时候将会一点儿冰都没有。如果未来温室气体的排放量和近十年以来温室气体的排放量一致，气候模型显示，地

球未来的温度将会发生翻天覆地的变化，到那时，北极圈的气温将会上升十一摄氏度！

那我们就能穿着泳衣和沙滩鞋去北极了吧？

天哪，但愿不会出现这种事情！

* 冰川能让地球保持凉爽吗？ 018
* 北极更冷还是南极更冷？ 118

下一次冰河纪是什么时候？

在最近的一百万年里，地球上共经历过八次冰河纪，每次大约历时十万年，相邻两次冰河纪之间的时间里，地球上的气候会更加温暖。

如今，地球正处于一个温暖的时期，地质学把这个时期叫作“全新世”，开始的时间是一万一千七百年前。

那么，气候是自己发生变化的吗？

是的，气候会因为各种自然因素慢慢地发生变化。由于各种原因，地球吸收到的太阳能的总量会不断地发生变化。比

如，随着地球运行轨道的变化，太阳和地球间的距离会变远或变近；同时，地球倾斜的角度会发生变化，而太阳在不同时间里散发出的热量也是不一样的。

如果说现在我们正处于一个温暖的时期，那什么时候地球会再变冷呢？

这就难说了，就算是科学家也不能确定具体的时间！根据

目前的一些研究，我们距离下一次冰河纪还有五万年的时间。

就算冰河纪会提前个几千年到来，那人类也要等好几万年呢……我们想要知道确切的时间是不可能的！

那我还赶得及买一件新棉衣来御寒吧？

我觉得可以！而且现在人类还令地球变暖了，说不定下一次冰河纪还会推迟个几千年才到来呢！

冰川能让地球保持凉爽吗？

可以，不过前提是冰川必须要保持完整。因为现在冰川的日子可没那么好过。

冰川可以凉到让整个地球都变凉吗？

当然不是，冰川的温度并不重要，关键在于冰川的颜色。冰川是由冰和雪组成的，呈现出白色，白色可以反射来自太阳的辐射，因此，冰川就不会吸收来自太阳的热量，从而可以防止地表温度过高的情况出现。这样一来，气温也就不会升高，因为我们之前说过，大气的热量并不是来自太阳，而是来自土壤。

那不是很完美嘛，冰川万岁！那还有什么问题呢？

问题就在于，这些自然界里的镜子的面积正变得越来越小，数量也越来越少。由于温室效应的加重，地球的温度正在慢慢升高，冰川也在逐渐融化，它们由固态冰变为了液态水。这些水通过各种途径流入江河，流向山谷，流呀流，最后汇入了大海。

那这些冰就永远消失了吗？

肯定不是啦！冰川上融化的冰并没有彻底消失，它们只是改变了形态，变为了液态水而已。因为水循环是无穷的，所以水是不会消失的，只是存在的形式会发生变化。

但这并不是一件好事，因为形态的改变，尤其是在短时间内的快速改变，会影响这些水的功能和质量。举个具体的例子，冰川的融水是可以直接饮用的，可一旦这些水汇入大海，如果再想饮用的话，就必须花费金钱和精力去过滤掉海水中的盐分。

那冰川融化后会留下什么呢？

随着冰川慢慢融化，原本藏在冰层下的地面会显露出来。我们都知道，地面的颜色较于冰雪更深，所以地面不仅不会反射太阳光，反而会吸收太阳光，这样一来，地面的温度就会升高。而这种升温又会让剩下的冰川融化得更快。

冰川融化后的陆地将会长出花草，进一步吸收太阳光，地球的温度也会进一步升高，并这样一直循环下去。而这样的循环还会不断加强。在这个循环链条里，最初的原因，也就是温度上升引起了冰川融化这一结果，而冰川融化的结果又导致了温度的继续上升。

好晕啊，简直就像是坐旋转木马一样！那这个循环是好还是坏呢？

科学家们把这类连锁循环现象称为“正反馈”。但是这里的“正”可不是好事，它一点儿都不好！之所以说它是“正反馈”，是因为每次循环完一圈之后，产生的效应都会和上一次循环所产生的效应叠加，结果就是地球的温度会变得越来越高。

所以，按照这个原理，冰川的消失不仅是一种后果，同时

也是温度升高的原因！

这个现象只会对陆地上的冰川产生影响吗？

如果只是那样的话就好了！这个现象不仅会使高山上的冰川融化，还会对海洋上的浮冰山造成影响。

这些冰山多分布在北极的北冰洋上，也就是著名的“北极浮冰群”。只要浮冰群还在，太阳的辐射就不会被吸收，极地的温度也会保持在正常水平。但随着温度的上升，北极浮冰群开始融化，原来浮冰所在的地方，逐渐变成了普通的海面，而

海面会吸收来自太阳的辐射，再向大气散发热量。无论是大气温度升高，还是海洋温度升高，都会导致浮冰融化，这样一来冰山融化的可能性会进一步提高，因而它们会变得越来越小，也更容易融化。

有人把这件事告诉北极熊吗？

应该没有。唉，小可怜们，它们只能自己去琢磨究竟发生了什么！

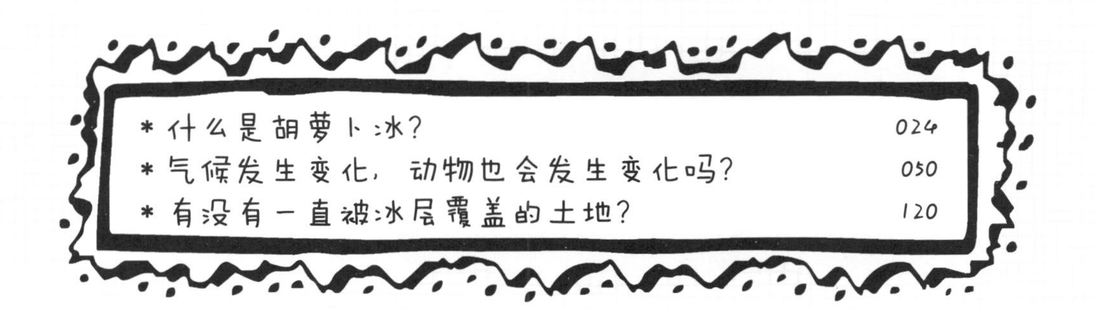

* 什么是胡萝卜冰？ 024
* 气候发生变化，动物也会发生变化吗？ 050
* 有没有一直被冰层覆盖的土地？ 120

什么是
胡萝卜冰？

我知道你肯定在想，那是一种速冻蔬菜吧，其实不是哦。科学家们研究过去气候的方法之一，就是研究那些在南北两极已存在了上万年的冰。这样我们就需要凿开冰层，从里面取出冰芯，而这些冰芯就是我们所说的“胡萝卜冰”了。

如果真有胡萝卜味的冰，尝起来味道应该还不错吧！那么，冰芯有多大呢?

目前，最长的胡萝卜冰是在南极洲的意法联合南极科考站

附近获得的，长度达到了三千米！有了它，我们就可以研究最近八十二万年以来的气候变化了。

那这根“胡萝卜”该怎样解读呢？

这个嘛，首先，冬季和夏季的雪有不同的特征，因此每年都会形成层次分明的两个冰层。另外，“胡萝卜”还会提供其他的信息，例如降雪时的温度、当时风的情况、二氧化碳以及其他温室气体的浓度等等。因为冰芯中会保存一些很久以前的空气气泡，科学家可以对其进行分析。

对科学家来说，研究这些“胡萝卜”，就像是让他乘坐时间飞船回到过去，这样一来，他就可以对当时的气候好好地进行研究了。

那这些“胡萝卜”被研究完之后会被吃掉吗？

肯定不会被吃掉，但可能会被拿来堆雪人！

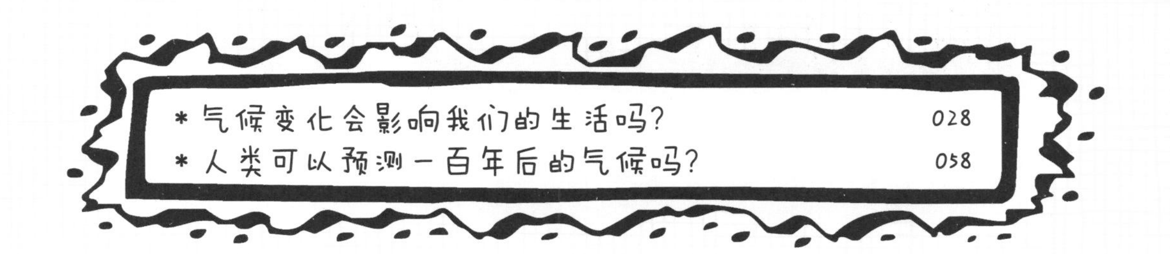

* 气候变化会影响我们的生活吗？ 028
* 人类可以预测一百年后的气候吗？ 058

气候变化会影响我们的生活吗？

其实呢，气候变化是很正常的事情。地球自存在以来，气候就一直在变化。

是什么让气候发生变化的？

有些气候变化是自然原因造成的，比如火山喷发，或者地球从太阳那里接收到的能量发生了变化。后者的变化周期总体来说比较长，其中，变化周期最短的是太阳黑子周期，约每十一年发生一次。不过这种周期给气候带来的改变很小，不管怎么看，都不可能是导致近年来气候变化的主要原因。

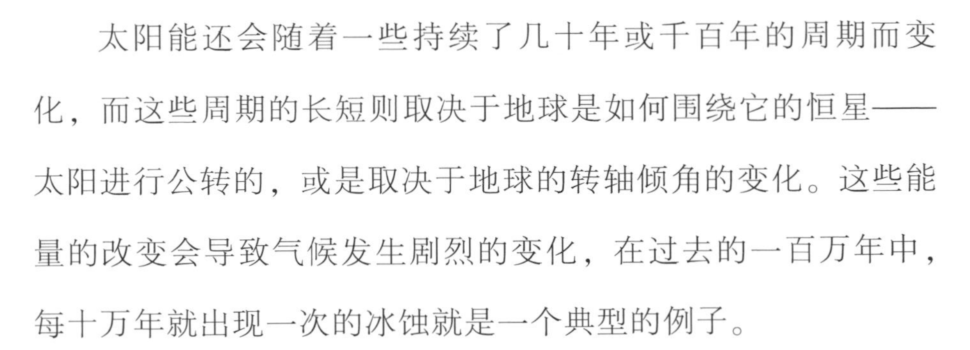

太阳能还会随着一些持续了几十年或千百年的周期而变化，而这些周期的长短则取决于地球是如何围绕它的恒星——太阳进行公转的，或是取决于地球的转轴倾角的变化。这些能量的改变会导致气候发生剧烈的变化，在过去的一百万年中，每十万年就出现一次的冰蚀就是一个典型的例子。

那气候变化跟火山喷发又有什么关系呢？

当一座火山喷发的时候，会向空中“抛射”出岩浆，这些岩浆在落地的几天之后就会沉淀，形成火山灰。不管是岩浆还是火山灰，都不会对气候造成很大的影响，但是在火山排气时形成的那些微小的含硫颗粒会对气候造成影响。这些微粒颜色很浅，因此能够反射来自太阳的辐射，把这些辐射送回它们原本发出的地方，从而阻止地球升温。这么一来，即便持续时间很短，火山喷发还是导致了地球的降温。

冷冷热热，热热冷冷……从这个千年到下一个千年，人类都不知道该怎么穿衣服了……不过，气候的变化究竟是快还是慢呢？

气候的变化当然不会发生在一夜之间……我之前说过，在过去的一百万年中，地球共经历了八次被称作“冰河纪”的寒冷期，在这些寒冷期之间，还穿插着一些更为温暖的时期。一万一千七百年前，全新世开启，这也是我们正在经历着的温暖的时期。在此期间，气温会持续地轻微波动，但相对来说还是保持着稳定，也十分适合人类的生存。

那我就不明白了，为什么我们现在还要如此担心气候变化的问题呢？

因为有一些奇怪又危险的事情正在发生。自工业革命以来，尤其是从 20 世纪下半叶开始，地球升温的速度超过了全

新世以来的任何一个时期。有史以来，人类第一次让气候发生了如此影响深远的变化，由此带来的后果也非常令人担忧！

如此说来，如果地球上的气温过高会带来哪些后果呢？

那可有的说了，你做好听的准备了吗？

先从高山开始说起吧。冰川会消退，积雪的时间会变短，这些会影响淡水资源的分配和淡水的质量，而淡水对于生命来说是必需的。

再说海洋。陆地冰川和冰山的融化会导致海平面上升，而大洋升温会使海水受热膨胀，导致海平面进一步上升。在极端天气的影响下，居住区和建筑物受灾的风险会更大，而海拔较低的海岸和海岛则将面临被淹没的危险。同时，海水还会污染被淹没地区的淡水水源，使其水质变差，令人类更加难以获得和利用这些淡水资源。

救命啊！还有别的后果吗？

当然有！极端天气会出现得越来越频繁：一方面，热浪可能会使火灾与饥荒的风险增加；另一方面，洪水泛滥可能会引

起山体滑坡，令地质不稳定。海洋的酸性将会越来越大，这将对海洋生物的生存构成威胁。此外，这些极端天气带来的后果还会对人类的身体健康，农业和生物的迁徙造成负面影响——为了寻找到合适的食物和水源，整个种群都不得不往别处迁移。

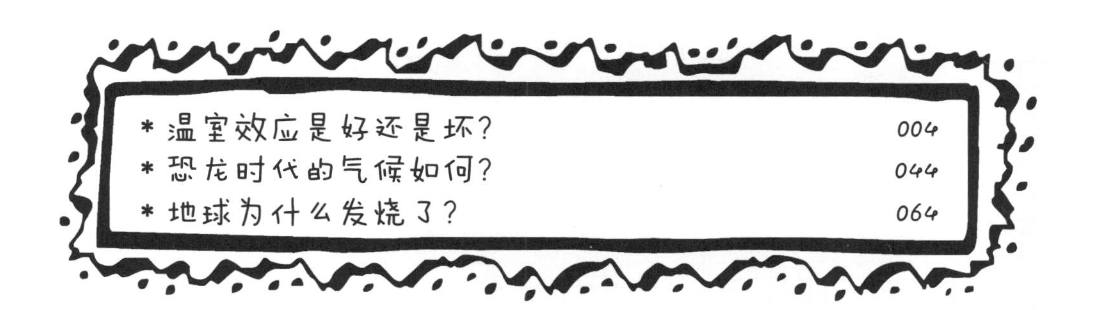

天气和气候是一回事吗？

当然不是！天气指的是几个小时后、明天或后天这样短时期内的大气特征。天气预报可以告诉我们出门时的天气怎么样，下雨还是下雪，出太阳还是刮风，今天空气中的湿度高不高，等等。每天的天气，甚至是同一天内不同时段的天气，都会变得很快。

如果天气预报报的只是天气，那气候又是什么呢？

气候不是你出门就能看到的，而是你不用出门就可以判断出来的。比如，如果我要去英国出差几天的话，那我最好随身

带一把伞，因为按习惯来说，英国是会经常下雨的。

习惯？这听起来有点儿不太科学……

其实这很科学。气候就是天气变化典型特征的总和，是根据天气的平均值计算出来的结果。人们如果想要确定某个地区属于何种气候的话，就需要对该地区的天气进行观测，也就是要收集这个地区至少三十年的气温、湿度、降雨量和气压等的各项数据。这是最起码的！

这可真是需要好长的时间啊！那么天气……哦，不，是气候……

让我来猜一下啊，我觉得你大概还是没弄懂天气和气候的区别吧！

如果海洋变暖，鱼儿会出汗吗？

如果海洋变暖，只是会令鱼儿流汗那么简单的话，就好了！因为海水变热，生活在海洋中的很多生物正在逐渐消失。我们的世界是个水世界。地球上70%的面积都是被海洋所覆盖，地球上的水97%都是海水，地球上的生命也来自海洋！

那如果海水的温度过高的话，会发生什么呢？

如果海水温度过高，海洋里的动植物就必须要适应更高的环境温度，如果它们不能适应或不能及时适应，海洋生态系统的功能就会受到损害。例如，由于海水升温，在南极冰川附近的极寒海域里繁衍的一种类虾生物的种群数量就减少了80%。这样一来，食物链就受到了破坏，鱼儿、鲸鱼和海豹要挨饿了。

珊瑚的处境也不算好，对吧？

何止是不太好，简直是糟糕透顶了！许多珊瑚礁正在变白，这是它们生病了的标志。

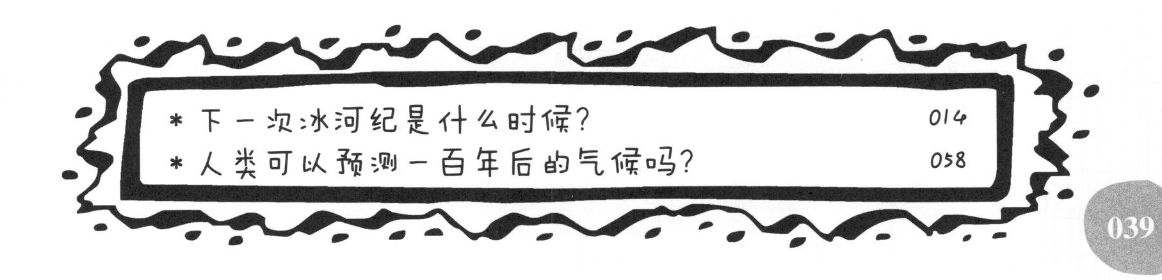

* 下一次冰河纪是什么时候？ 014
* 人类可以预测一百年后的气候吗？ 058

什么是全球变暖？

全球变暖是指至少一个半世纪以来，整个地球温度升高的现象，因此我们说是“全球”变暖。

也就是说，如果我手里有一张世界地图，我在上面随便指一个地点，那个地方的温度都在上升吗？

并不是的，这样的说法不太准确。虽然说全球各地的气温都会升高，但变暖的程度视所在区域的不同还是不一样的。目前，科学家们确实找到了一些“热点”，这些“热点”均是升温幅度超过了平均升温幅度且升温效应更严重的地区，其中包括了某些山脉、北冰洋和地中海地区。

全球变暖仅仅与气温有关吗？

不仅如此！“全球变暖”这个词有更宽泛的含义，指的是由于气温升高而引起的一系列变化。这些变化涵盖了地球气候系统的方方面面：大气、海洋（包括深海）、土壤等等。因此，全球变暖包括了很多现象。

那还有其他现象吗？

当然！比如，陆地冰川和海洋浮冰的剧烈减少、海平面上

升、海洋酸化、生物多样性丧失、高温频发、强降雨次数增加，以及很多动植物向高纬度和高海拔地区迁徙和扩展，这些都属于全球变暖现象。

糟糕，真的好多，气候就像是一块巨大的拼图啊！

我还没说完呢！全球变暖还将带来热带的扩张，由于它正在慢慢地扩大自己的领地，这可能会使得地中海南部地区逐渐变成亚热带气候。这也就导致了近一段时间以来，地中海南部地区的降雪减少了，降雨增加了，但这并不意味着这里的冬天降雪总量就少了，只是与过去相比，降雪的频率降低了。

另外，热浪变得更凶猛更常见，这也增加了高温干燥地区发生火灾的风险。

也就是说，这是一个全球性的问题，对吗？

没错，因为各个方面之间的关系错综复杂，我们每个人都会面临这个问题！

那人类和全球变暖有什么关系呢？

人类活动是导致20世纪气候变暖的主要原因——人类活

动在某种程度上增加了大气中温室气体的浓度，也加快了全球变暖的速度。这是毋庸置疑的！

那如果这个周末天气很热的话，都要怪我们自己喽？

也不能这么说，我们不能把单一的极端天气个案归咎于人为的气候变化。随着收集到的关于极端天气的特征记忆频率数据越来越多，我们可以得知其中还是有人类活动带来的影响因素存在的，而且我们还可以预测到，人类如果再不改变目前的行为习惯的话会发生什么后果。

* 气候发生变化，动物也会发生变化吗？ 050
* 为什么树木可以调节气候？ 074
* 污染是从什么时候开始产生的？ 112

恐龙时代的气候如何？

这就要问问恐龙自己啦！不过还好，科学也能很好地回答我们这个问题。恐龙出现在距今约两亿三千万年前的三叠纪时期，灭绝于六千五百万年前。大部分科学家认为，陨石撞击地球造成了恐龙的灭绝，但也有人认为，恐龙的灭绝是由频繁而又剧烈的火山喷发或者气候的缓慢变化导致的。

那时候的地球已经像今天这样了吗？

自中生代初期以来，盘古大陆逐渐分裂，出现了不同的大陆板块，慢慢形成了现在的七大洲。当时的地球气候炎热潮湿，地表和海洋的温度都比如今高很多，所以当时地球上很可能没有冰，海平面也比现在更高。

对于“大蜥蜴”来说，当时的地球环境还算不错吧？

只能算是一般般吧。当时二氧化碳的浓度比现在高得多，温室效应非常严重。而且，当时火山喷发还相当频繁。

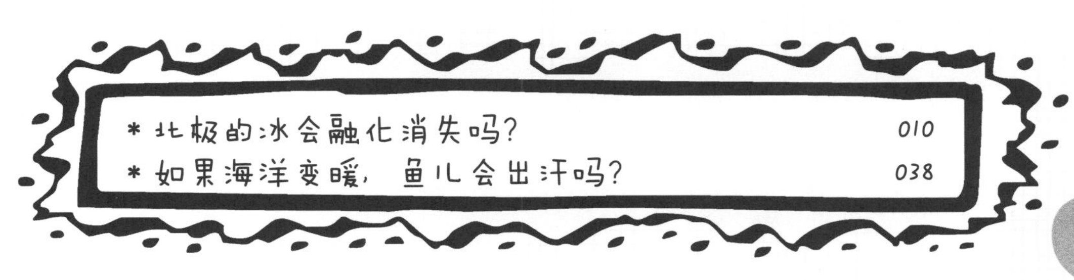
* 北极的冰会融化消失吗？ 010
* 如果海洋变暖，鱼儿会出汗吗？ 038

为什么海平面在上升？

很简单！随着温度的升高，高山上或极地冰盖中的冰层开始融化，也就是说，固态冰变成了液态水，最终流入海中。海水增多，海平面自然上升了。当然，这其中也离不开人为因素的影响。

我把水龙头都关上了啊，这可不能怪我！

海水增多，海平面上升，不是你的错，是我们全人类的错。当地球温度升高时，海水受热膨胀，海水体积增加，大约一半的海平面上升都是由海水受热膨胀引起的。

那如果浮冰山也融化了，海平面还会上升吗？

不会，海洋上的浮冰山融化不会影响海平面的高度。这就跟浮冰融化后海平面不会上升是同一个道理，因为浮冰本就是被冻成冰块的海水。

举个例子来说，你把冰块放进装着满满一杯水的杯子里，冰块融化后，水并不会溢出，也就是说明水位不会发生改变。因此，就算浮冰山融化，海平面高度也不会有变化。相反，如果格陵兰岛上的冰川融化，那情况就完全不同了。

那会有什么不同呢？

到那时候，海平面大概会上升七米。就算没到那么极端的程度，如果地球的温度上升五摄氏度，到2100年海平面也会上升八十厘米。到时候，整个世界就不是我们所熟悉的那个世界了……

* 气候变化是污染造成的吗？ 066
* 为什么每年都是历史上最热的一年？ 094

气候发生变化，动物也会发生变化吗？

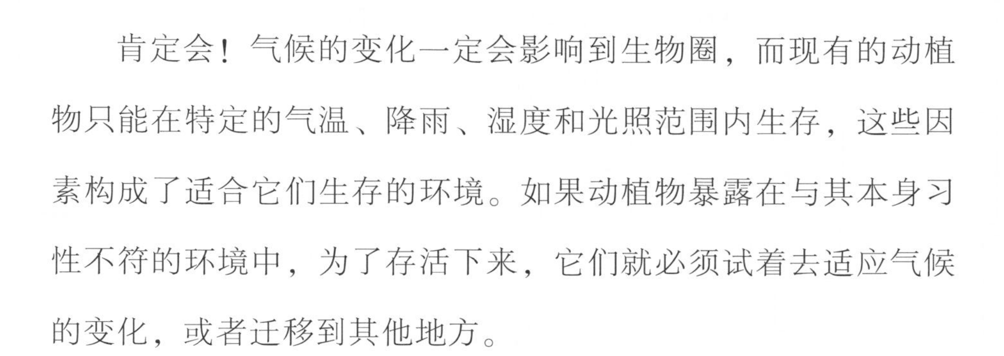

肯定会！气候的变化一定会影响到生物圈，而现有的动植物只能在特定的气温、降雨、湿度和光照范围内生存，这些因素构成了适合它们生存的环境。如果动植物暴露在与其本身习性不符的环境中，为了存活下来，它们就必须试着去适应气候的变化，或者迁移到其他地方。

所以这些动植物能够适应新的气候吗？

当然能啦，这一点并不奇怪。自从地球上出现生命以来，这些生物就一直在适应着气候和环境的变化。

很久之前，地球上的气候变化缓慢，当时的那些生物也在慢慢地适应：动物和植物会发生进化，改变自身特点，或者迁移到其他地区，这些都是为了帮助它们在变化着的世界中生存下来，也是生物进化历程的一部分。

那现在呢？气候变化来得太快了吗？

没错。目前大气温度上升的速度正迫使这些动植物必须快速改变自己的习性，但这并不轻松——没办法适应的物种将会灭绝。

不幸的是，这个过程已经开始了，现在许多物种正以令人震惊的速度在消失，从而导致地球上生物多样性的大幅下降。在热带森林和山地这些生物多样性曾经最丰富的地方，情况更加严峻。

这很严重吗？一些昆虫或者植物灭绝了，会带来什么严重的后果吗？

生物多样性是进化不可或缺的部分，可如今生物多样性的下降，无论是从速度上还是从规模上，都和历史上的生物灭绝事件（多达五次）有很多的相似之处。某些物种的灭绝还会导致食物链断裂，这将会让包括人类在内的其他动物都处于危险之中。

好吧，我倒觉得蚊子变少点儿挺好的。所以说，变热一点儿都不行吗？

是啊，原因主要有两个。第一，生态系统的很多组成部分都会受全球变暖因素的影响，但并非所有组成部分都能同时地、以同样的速度对全球变暖做出反应。

例如，全球变暖可能会使某些植物提前开花，但授粉昆虫却不会提前帮助这些花朵授粉。这样一来，不仅花无法完成授粉过程，昆虫也没有了食物，这种不协调会损害生态系统的健康和运行。

花和昆虫好可怜啊！那第二个原因呢？

第二个原因就是，随着气温的升高，那些不耐高温的动植物会尝试迁移或扩展生长到气候较凉爽的区域，例如高纬度和高海拔地区（如山区），因此，动植物的生存区域会往南北两极或高海拔地区迁移。而在高山地区，有很多物种则会前往更

高海拔的地区寻找新的生存场所。但是问题在于，如果大气温度持续升高，对于本就生活在高海拔地区的物种来说，它们就无法迁移到更高的位置了——山的高度是有限的！

那它们该怎么办呢？

这个问题问到点子上了，可能到时候它们只能灭绝了！

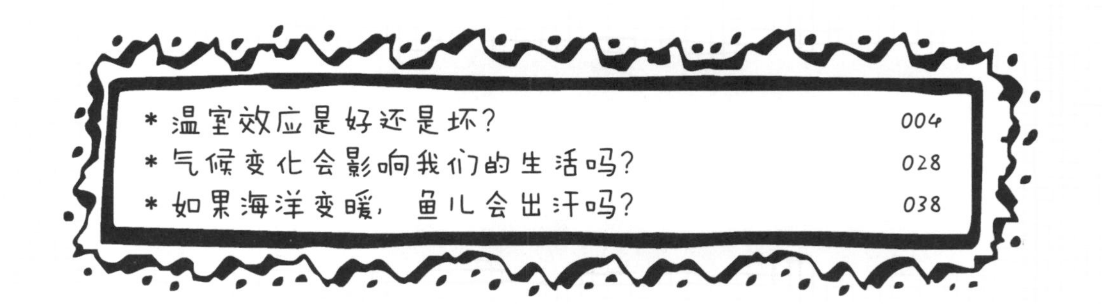

为什么海水一直不流动呢？

其实海水一直都是在流动着的，不管是在海面还是在海底，海水都像是一条传送带一样，从海面流往海底深处，又从海底深处流向海面，永不停息。

我要晕了！是谁让海水流动的呢？

深度在几百米以内的海水主要是被风吹动的。另外，地球的自转以及各大洲的位置也决定了洋流的方向。洋流会将来自热带地区的热量带到高纬度的寒冷地区，这样才能让高纬度地区保持温暖。

那海底深处是怎么回事呢？

海底深处的海水流动取决于海水的密度：海水越冷，含盐量就越高，密度就会越大，随着重量的增加，海水就会向下沉。取而代之的是其他区域的表层海水，但过不了多久，这些海水也会冷却，继而下沉，如此反复。

* 什么是“水炸弹”？ 088
* 为什么大家都喜欢看天气预报？ 104

人类可以预测一百年后的气候吗？

当然可以。未来的气候是可以预测的，就算是一百年之后的气候也不在话下，而且不需要借助水晶球！

哇哦，那你们能预见未来喽？

一定程度上来说是可以的。为此，科学家们在电脑上开发了一款名为“气候模型”的程序，它模拟的是在真实世界中气候的运行方式，其中考虑到了很多因素，例如大气、海洋、冰层、植被、土壤、生物以及它们之间的互动等。不过，开发此模型的科学家需要掌握丰富的物理学和数学知识！

如果这些我都知道，那我就能预测气候了吗？

可能还不够，不过你可以试一试。要想做出此模型，你必须了解影响大气和海洋运动以及海上冰川的方程式和定理，知道太阳辐射是如何与大气以及地球表面互动的，云、雨、风是怎样形成的，等等。这些方程式需要用电脑程序代码写出来。电脑可以帮助我们在短时间内进行大量的运算。

这些运算有什么用呢？

太有用了。在气候模型中，地球会被分成三维的格子，每个格子都有一块区域和一个高度。在每个格子中都会有反映气候变化的方程式需要解决。格子的尺寸越小，方程式的数量就越多，这样一来我们就可以对未来的气候有更详尽的描述，但是模型的操作难度也会变得更大！

那我们怎样在时间中展开旅行呢？

如果想要模拟未来的气候，就需要从某个起始点开始，比如我们现在就开始记录大气温度、降水、风、水流、植被和云的数据。然后，我们要让模型“跑”起来，去预测未来的变

化，可以一直预测到2100年，甚至更迟一些的年份。但是在进行预测（专业术语应该是“投射”）之前，我们需要检查模型是否能推导出以前的气候。

对于已经过去的两个世纪的气候来说，我们手头上由各种仪器记录下来的相关数据非常多；可是要了解几千年前或是几万年前的气候，我们则需要从胡萝卜冰、海床、树的年轮以及化石中间接地得到答案了。

所以如果想要知道气候模型能否预测未来的话，就要用过去的气候来考考它了？

是的，可以这么说。比如，我们可以试试看此模型能否计算出从1850年至今，地球上气候的变化。

那么，它是怎么做到的呢？

想要模拟气候的话，就必须将影响气候变化的因素告知模型，比如太阳辐射量的浓度、是否有火山喷发、人类活动排放了什么气体，以及其中含有多少温室气体、有多少土地被用于耕种和放牧，等等。如果一个气候模型无法正确计算出以前的气候，那就意味着它的内部有错误，在用于投射前需要

先把错误改正！

如果我将气候模型全都设置好了，那该怎样去预测一百年后的事情呢？

为了获得准确的投射结果，我们需要根据过去数十年内人类活动排放温室气体的数量预测出可能发生的场景。模型会根据不同的场景推导出不同的投射结果，其中包括大气温度、降

水，以及其他构成气候的种种要素。

那一百年后人类还需要雨伞吗？

先让我算完几十万个方程式，我再来告诉你答案。

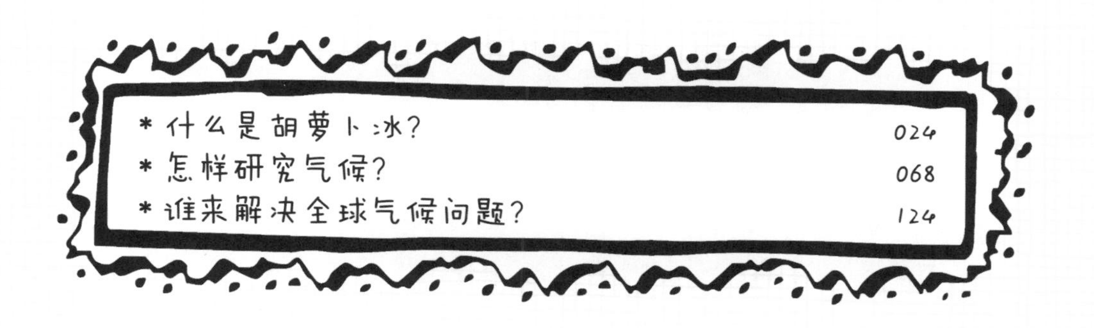

地球为什么发烧了？

因为它不太舒服。就像我们人类一样，身体不舒服了，体温也可能会不正常。

真的吗？我们的测量数据准确吗？

是的，很准确！自 19 世纪中叶以来，我们的地球上出现了大量的气象监测站。通过收集到的这些数据，我们可以知道地球正在升温。这种升温并不意味着每一年都比上一年更热，它只是一个明显的信号，标志着全球正在变暖。

那地球烧得厉害吗？

从 1880 年到现在，地球的平均温度上升了一摄氏度。而在某些地区，比如北极，温度上升的幅度是平均值的两倍还多。而且，最近一百五十年至两百年间温度上升的速度也是不一样的，从 1950 年开始，这个上升速度明显加快了。所以我们可以确定，地球的确发烧了。我们迫切需要做的是马上改变现有的生活方式。

* 为什么每年都是历史上最热的一年？ 094
* 谁来解决全球气候问题？ 124

气候变化是污染
造成的吗？

直到几年前，人们还认为空气质量和气候没有关系。如今，我们知道并不是这样的，污染和气候变化是息息相关的。

有雾霾的时候，人无法呼吸，空气有味道，就连天空也看不清了。但是要说这导致了气候变化的话，我觉得还是太夸张了吧！

不过确实是这样的，我现在就来解释一下为什么这么说。我们举个例子，汽车的尾气排放、电厂和工厂的废气排放，以及能源的生产过程，所有这些活动都会向大气中排放烟雾以及像氮氧化物这样的有毒气体。

这些污染源还会向大气中排放二氧化碳，这是一种潜在的温室气体，会影响气候。这样一来，污染就会影响气候变化了。

如果我坐小汽车去上学的话，我该感到内疚吗？

感到内疚也无济于事，勇于承担责任才是关键。所以，如果你能走路或者骑自行车上学的话，当然是更好的。

* 山里的空气更好吗？ 098
* 污染是从什么时候开始产生的？ 112

怎样研究
气候？

想要研究气候的话，就需要至少连续三十年，每天不间断地记录影响气候的各个要素，例如大气、海洋、植被、土壤和冰川等的数据。

真是一项漫长的工程啊！那要怎样去记录呢？

我们需要测量气温，既要测量空气柱表面的温度，也就是我们头顶上的温度，也要测量高处大气层的温度。另外还要考虑海洋表层和深处的水温、降水量，也就是雨雪情况。这还没完呢，还有风、洋流、植被的增加，地上积雪的厚度，海上浮冰和陆地上冰川的面积，以及其他众多变量。

真的好多东西啊，怎样才能把它们全都测量到呢？

地球上遍布着众多的气象监测站，它们会定期对这些变量进行持续测量，并把数据传送给数据加工中心。其中，气温可能是自 1850 年以来监测得最准确的一个数值。在意大利等一些地区，对气温的历史记录甚至可以追溯到更早的一些时候，这些都是非常珍贵的数据。

没有设立监测站的那些地方，科学家必须亲自去跑

一趟做记录吗？

不需要，多亏了新技术的出现，现在一切都变得简单了。科学家在那些在太空中俯瞰着我们星球的气象卫星上面，安装了测量仪器，这样就能保证空间和时间上的全覆盖。卫星还可以帮助我们测量一些用其他方法很难测量到的数值，例如海洋表面的温度，海平面高度的变化，或者说是海洋所谓的颜色。

海洋的颜色和气候有什么关系呢？

现在让我来告诉你！海洋表面的颜色会根据所含化学物质和分子的不同而发生改变。它有助于我们了解海浪对海岸的冲击情况，确定是否有有毒藻类长出——这些藻类会污染软体动物，并杀死鱼类和海洋哺乳动物。

通过卫星，我们还可以绘制珊瑚礁分布地图、海洋水深地图、海上冰川地图、海水盐度图或植被分布图。

如果过去没有进行过任何测量的话，那现在做的就是无用功了吗？

绝对不是的。就算之前没有气象监测站或者气象卫星，我们还是可以通过一些自然的气候档案来挖掘出有关古气候的信息。比如，树的年轮、海床和湖床、南北极和格陵兰岛上的胡萝卜冰，以及化石，等等。

我彻底投降了！气候我已经搞不懂了，现在又出来了一个古气候？

研究古气候对于搞清楚过去的气候变化来说是很重要的，我们需要研究气候变化所引起的后果，哪些进程的权重更大，等等。

而且，通过找出过去的环境和我们如今的环境的共同点，我们还可以预见未来将会发生的事情，这也就有了预测未来气候的基础。

那么，要怎样分析未来的气候呢？

这时候就轮到最重要的工具出场了，那就是气候模型——可以进行未来气候预测的电脑程序。我们还可以使用气候模型进行专门的试验，从而回答以下的问题：如果格陵兰岛上的冰川融化，海平面将会上升多少厘米？如果海洋温度上升两摄氏度，海洋冰川和洋流会发生什么变化？

难道不能等个几十年再说吗？

别开玩笑了。目前，气候问题已经很严峻了，再等个几十年，我们可没有能进行这类试验的备用星球了。但是，有了这些气候模型，人类就相当于拥有了可以进行专门的试验的备用星球！

* 恐龙时代的气候如何？ 044
* 人类可以预测一百年后的气候吗？ 058
* 大气层有什么用？ 082

为什么树木
可以调节
气候？

树木不仅能为我们提供树荫，同时也能让天气变凉爽，你说对吗？不过，树木还有一个更重要的作用：那就是它能影响并且通过不同的方式来控制气候。

你的意思是，有的树木会让气温升高，有的树木会让气温降低吗？

当然不是，它们的工作原理更加复杂。比如，通过光合作用，树木会吸收二氧化碳，释放氧气。尽管吸收空气中的二氧化碳，有助于防止大气中二氧化碳浓度的大量增加，但这并不

是树木对气候的全部影响，树木还能够对降雨产生影响。

我不相信！难道下雨也是树木的错吗？

难道你不觉得应该说，是树木的功劳吗？

树木其实也是蒸腾作用的主角，植物的根部从土壤中，尤其是从深层土壤中吸收水分，然后通过叶子的蒸腾作用将水分转移到大气中。在这整个过程中，树木是以蒸汽的形式来调节气候的。

所以说，森林其实就是一个巨大的储水库？

你说得太好啦！森林其实就是一个以蒸汽形式储蓄水的水

源，这些蒸汽最终会蒸腾消散在大气中，但是树木释放物质的过程并没有结束。因为树木还会释放出一种非常特殊的物质，名叫“挥发性有机化合物”，这种物质有助于云朵的形成，它是人类活动中最常产生的温室气体。

* 为什么大家都在谈论二氧化碳呢？ 078
* 人类可以调节气候吗？ 108

为什么大家都在谈论二氧化碳呢？

因为二氧化碳是人类活动排放到大气中最持久的温室气体。

所以大气中有超级多的二氧化碳？

是的，大气中有非常多的二氧化碳！如今，大气中二氧化碳的含量已超过百万分之四百一十，这是过去一百万年间地球上从未出现过的数值！这个数值是通过分析南极冰川冰中的气泡得到的。

从 1750 年至今，大气中二氧化碳的含量增长了 40%。这个增长速度可以说是非常夸张了。

所以，如果天气变得更加炎热，那都是因为二氧化碳增

加导致的吗？

不全是这样的，人类活动还会导致其他温室气体增加，这也就造成了海洋变暖和永冻层融化的后果。在这些温室气体中，甲烷的含量，自 1750 年以来增长了 150%！

等等，什么是甲烷呢？

甲烷不仅仅是指从炉子里排出的气体，它还是一种温室气

体，在保持热量方面比二氧化碳更有效。虽然现在甲烷在大气中的浓度远低于二氧化碳，但未来的情况可能会变得更加糟糕……

唉，你总是这么悲观！

这可不是悲观！我觉得，把现状说出来是非常必要的，否则，我们的地球将永远无法恢复健康。

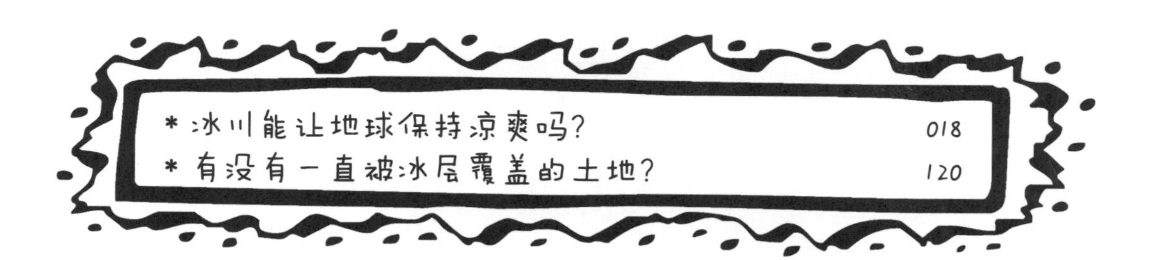

大气层有什么用？

地球上的生命需要大气层！

大气层万岁！可是，只有地球才拥有大气层吗？

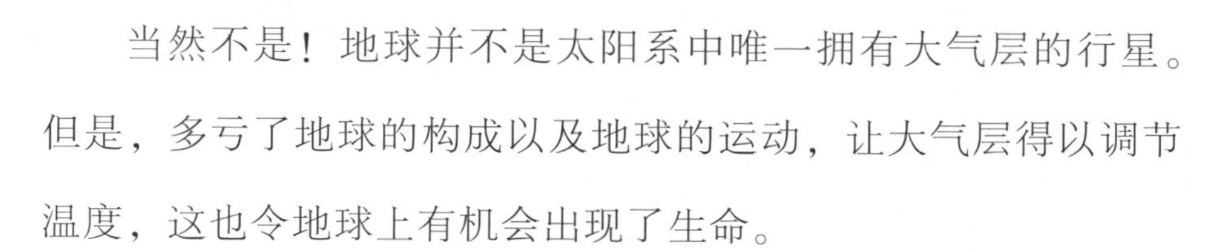

当然不是！地球并不是太阳系中唯一拥有大气层的行星。但是，多亏了地球的构成以及地球的运动，让大气层得以调节温度，这也令地球上有机会出现了生命。

可是大气层中有什么呢？我觉得什么都看不见呀！

那你大概是没仔细观察哦。

我们可以先了解一下大气层的组成成分。首先，大气层主要是由混合气体组成的。由于所有气体都是无色的，因此，尽管它们就存在于我们四周，我们却看不见它们。大气层是由大约78%的氮气和 21%的氧气组成的。另外，大气层中还有少量的其他气体，例如氖气和氢气，以及其他一些浓度极小的气体，我们把它们统称为“大气痕量气体”。

这些气体都有各自的作用吗？

当然，自然界中的每个元素都有自己的作用。比如说，这其中的温室气体就尤为重要。虽然大部分温室气体在大气中的含量很低，属于大气痕量气体，但是当浓度正常时，它们就可以调节温度；如果浓度太高，比如像最近这段时间，它们则会使地球升温。

那还有哪些气体，我们需要替地球上的生命向它们说声“谢谢”呢？

有，比如臭氧！臭氧分布在大气层中的平流层，即距地球表面十至五十千米的高空中，它的作用是防止太阳的紫外线辐射越过低层大气到达地球表面，因为紫外线辐射不仅会对人体健康造成严重伤害，还会影响生态系统。

另外，大气层中还包含着一些微小的颗粒，它们被科学界称为“气溶胶”。

不要跟我谈气溶胶，一想到在我做事的时候，它们一直飘浮在我周围，我就受不了！这些微粒可能会是什么呢？

一些气溶胶是天然的，例如沙漠尘土、花粉或者森林排放出来的物质；另外一些气溶胶则直接来源于人类活动：烟尘、烟雾、汽车尾气和发电厂排出气体中的颗粒物。这些颗粒物造成了一定的空气污染。气溶胶不仅影响了我们的空气质量，还

对气候造成了影响！

我就说嘛，永远不要相信气溶胶会对我们有益！但是，为什么说气溶胶会影响气候呢？

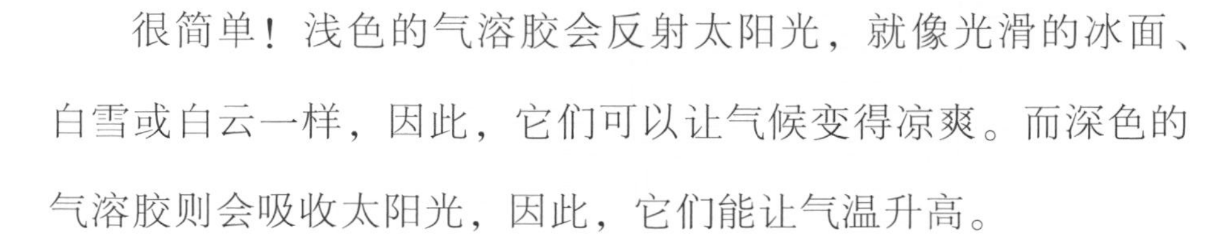

很简单！浅色的气溶胶会反射太阳光，就像光滑的冰面、白雪或白云一样，因此，它们可以让气候变得凉爽。而深色的气溶胶则会吸收太阳光，因此，它们能让气温升高。

气溶胶也是形成云朵的必要成分：在我们的大气层中，只有当气溶胶黏附到空气中存在的某些颗粒或杂质上时，水蒸气才会凝结。

那大气层还有什么作用呢?

可以说，它是负责把能量转移到各处的。由于地球的球体形状以及轴线的倾斜，事实上，地球上的热量大部分集中在赤道上，因为那里终年受到太阳光的直射。相反，两极接收到的太阳光最少，因为在两极，一年中只有六个月能见到太阳，并且还只能受到太阳光的斜射。

大气层的作用就是平均分配地球上的热量，让两极不那么冷，让赤道不那么热！为了做到这一点，大气层还借助了海洋洋流的帮助。

什么是“水炸弹”？

“水炸弹”这种说法其实是一些记者发明的。

可是，为什么叫“水炸弹”呢？在电台广播和电视节目里总会听到这样的话：天空张开了大口，暴雨落下，就像炸弹一样……

“水炸弹”这种说法其实只是一种口头表述，其正确的科学术语叫“风暴”，也就是一直以来我们使用的说法。它指的是降水密集且集中在一小块土地上的强降雨。它是一种具有潜在危险性以及破坏性的天气现象。

只是“潜在的”？我觉得不对呀，因为风暴总是给我们带来巨大的危害！

你错了！我们必须加上“潜在的”这个词，因为风暴这样的极端天气事件并不是必然会演变成灾难性事件的。就比如“水炸弹”这种说法，炸弹也不一定会爆炸，但如果面对的是一片暴露在危险之中并且极其脆弱的区域，那么极端天气事件就会转变为灾难性事件。

近年来，人类的活动让我们赖以生存的土地变得更加脆弱。比如，人们总是在不该建房子的地方修筑建筑物，砍伐树木，填河，等等。

可是，这些风暴以前并未发生过呀！地球到底经历了什么事情？

你能肯定以前没有发生过吗？在这里，我们也应该注意一点，首先我们得了解极端事件的含义。我们可以从统计学的角度来看，根据定义，一个事件之所以是极端的，是因为它发生的可能性很小，也就是说，它发生的频率比正常事件发生的频率更低。比如，密集的强降水或长时间的强热浪袭击、霜冻寒潮等，均被称为极端天气事件。

也许，在过去这些年间，一些天气还被称为极端或罕见天气，但如果放到现在，或者说放在将来，可能就不再算作极端天气了……

所以未来可能不会再下雨了？

我不是这个意思。事实上，未来，热浪和旱期会出现得比现在更加频繁，结果就会导致雨水缺乏，但是两场降雨之间更长的间隔并不意味着永远不会下雨，只是降雨的方式会有所不同。

例如，极端天气会以一种非常集中并且更加猛烈的方式出现，尽管出现的次数可能会减少，但是降水的总量还是没变。这是因为大量温暖的海水蒸发，导致大气层储存了更多的能量，而这些能量迟早会回归海洋。并且，这些能量的积累过程非常缓慢，而释放行为的发生时间则要快得多，这也就造成了剧烈的大气现象。

那这一切都是气候变化的错吗？

当然，地球的温度升高会让天气变得更加炎热潮湿，大气

层可释放的能量也变得更多了。这样一来，将会导致更加猛烈的极端天气爆发。简单来讲，就是更多的水从海洋中蒸发，更多的水又降落到地上，同时还伴随着更多能量的产生。

我们应该学会适应这种情况！所以，我们需要更大更结实的雨伞吗？

要了解气候是否发生了显著变化，必须有大量连续多年对

于这类现象的观察数据作为研究依据。而对于某些现今还未形成类型的极端天气事件，尤其是以前没有像今天这样完善的记录行为，也没有留下类似的文件，我们仍没有大量确定的数据可以证明，诸如风暴之类的极端天气事件如今会比过去更频繁还是更少。但是，我们可以确定的是，它们的强度会有所增加。估计到最后，不可能会有那么大的雨伞来帮助我们吧！

* 为什么海水一直不流动呢？ 056
* 怎样研究气候？ 068
* 为什么每年都是历史上最热的一年？ 094

为什么每年都是历史上最热的一年？

即使气温的数值看起来都偏高，甚至令人震惊，但事实并非如此。例如，通过观察1880年到2018年间全球的平均气温，我们会发现，这一百三十九年间最热的十九年中有十八年都出现在2000年之后。

那么，在这个最热年份排名中，哪一年的气温最高？

考虑到整个地球的平均气温，我们认为，排名第一的是2016年，接下来依次是2017年、2015年、2018年、2014年、2010年、2013年、2005年、1998年、2009年、2012年，以及其他2001年之后的年份。

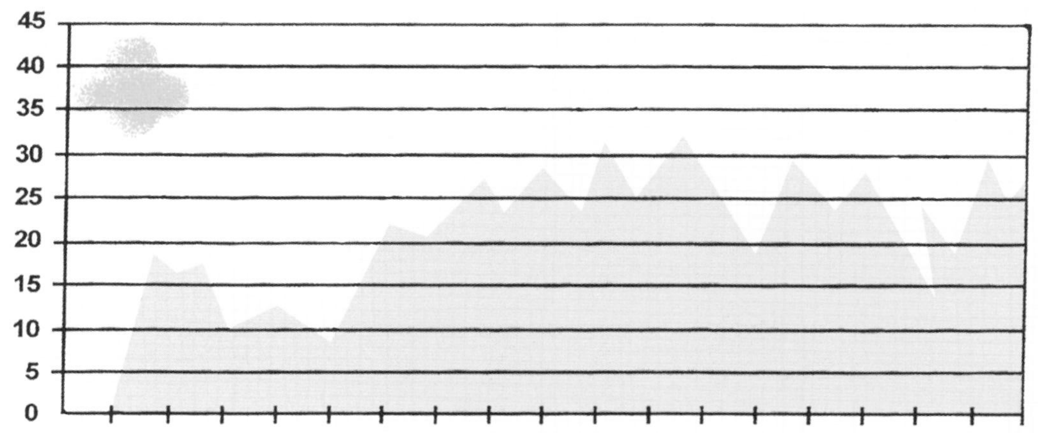

值得一提的是，2000 年并未排进前十，反而是 1998 年入选了——那年的天气非常炎热，因为厄尔尼诺现象非常严重。

厄尔尼诺?

厄尔尼诺现象每隔二至七年会在赤道太平洋发生一次，这种现象会让地球的温度升高，波及的范围很广。

厄尔尼诺现象的具体表现形式也很多样化，例如，美国加利福尼亚州的洪灾、印度尼西亚的旱灾、加拿大的暖冬……

所以，未来只会越来越热的说法是错误的?

自 1880 年以来，有记录的气温一直呈现出稳定上升的趋

势。所以确切地说，并不是每年都比前一年更热，有时也会出现当年比前一年更凉爽的情况。但这仅仅是气温的小幅波动，地球变暖的大趋势并没有改变。

* 为什么海水一直不流动呢？ 056
* 地球为什么发烧了？ 064

山里的空气更好吗？

当然，我们在山里可以充分呼吸新鲜空气。

这么说来，污染物应该是一个“懒虫”，它不想爬到山顶上去？

一般来说，山脉之所以能远离主要的污染源头，是因为污染源头基本上都位于城市附近。此外，山脉一般位于大气边界层之上，而大气边界层是大气层离地表最近、污染最集中的地方。因此，就算在山里，空气也并不是永远都干净的！

啊，不是这样的吗？我已经在计划徒步旅行，去山里寻找干净的空气了……

好吧，很遗憾地告诉你，山里也可能存在高浓度的污染物，包括气体、粉尘在内的污染物都可以通过特定的天气条件(比如通过山谷的风) 飘到山里。不仅如此，污染物有时还会从一个大陆转移到另一个大陆上。

气体和颗粒物会转移？

是的，有时会出现这样的情况。最典型的转移是撒哈拉沙漠的沙转移到了阿尔卑斯山地区和亚平宁地区。也曾出现过欧

洲城市里被污染的空气转移到了阿尔卑斯山脉，又或者是东南亚地区被污染的空气转移到了喜马拉雅山的情况。

那这种转移有危害吗？

非常有害！例如，从卫星图像上看，喜马拉雅山经常会出现含深色碳的尘雾和气溶胶云，它们被称为“黑碳气溶胶”，简称为“黑碳”。当高浓度的深色气溶胶抵达高海拔地区时，它们就会覆盖在冰川表面和积雪面上。

那这样一来，它们能反射的光线就更少了，对吧？

你太聪明了！没错，深色会吸收更多的太阳光，因此积雪覆盖持续的时间会减少，冰川融化会加速……就好像温度升高对冰川融化的影响还不够大一样！

所以，我们可以说“污染无边界”吗？

是的，我们必须意识到，污染并没有地理界限或海拔高度界限，通常，我们称之为“跨境污染”。

在特定的气候条件下，尤其是在夏季，在位于平原的城市或工业中心所形成和聚集的污染可以转移到高山地区。被污染的物质一旦到达了山顶和冰川，就会破坏当地的自然生态系统。而且，这些生态系统还将经受气温上升及其带来后果的严峻考验。

能不能举个例子呢？

意大利最高峰奇莫内山就是一个典型的例子。奇莫内山是亚平宁山脉托斯卡纳–艾米利亚段的最高峰（2165 米），那里有一个气象监测站，是意大利研究大气和气候的重要机构。

夏天，当大量被污染的空气到达奇莫内山时，意大利国家研究委员会的研究人员会对臭氧（如果其增加量达到了 10%以上）及其他污染物的增加量进行记录，其中也包括了为大家所

熟知的臭名昭著的细颗粒物（通常电视或广播上将它们称为“$PM_{2.5}$”）。

为什么研究人员要收集山里的空气呢？

高海拔监测站是研究污染和气温变化的理想实验室，因为在这些地区，变化的迹象会更加明显。为了对当前的气候情况有一个正确认知，研究山里空气的成分是如何变化的至关重要！这也是避免气候剧烈变化，寻求减少损失的第一步。

为什么大家都喜欢看天气预报？

因为天气预报的确非常有用。比如，当你想知道出门前应该带什么衣服、计划周末做什么的时候，天气预报对你来说都是很有帮助的。

不仅如此，在遇到极端天气事件时，通过管制空运、海运或陆运交通，天气预报甚至可以挽救许多生命，就更不用说天气预报对农业有多么重要了吧！

但是老实说，天气预报的准确率高吗？

首先，你必须牢记一点，预测仅仅是预测，并不是现实！

尽管如今用于预测天气的气候模型程序已经取得了长足的

进步，并且在未来还会继续完善，但当下，只有在不超过三至五天的时间范围内，天气预报才能达到很高的准确率。七天内的天气预报也可以作为参考，但超过一周的天气预报基本就不太准确了。

那接下来的几个小时内是否会下雨，天气预报应该还是能确定的吧？

借助现有的手段，预测第二天降雨概率的准确度可以达到

90%。虽然这个百分比很高，但还是达不到 100%。必须要说的一点是，降雨这种天气现象其实非常复杂，难以精准预测，因为降雨经常断断续续，并且会在空间里快速变化……有时，就在同一座城市里，可能也会出现一个地区正在下雨，而另一个地区却没下雨的情况。

那为什么老天爷总是在我没有带雨伞的时候下雨呢?

嗯……这种情况，科学都没有办法解释!

人类可以调节气候吗？

我们不仅可以做到，还应该主动去调节气候。

可是地球实在太大了，单个个体的努力完全可以忽略不计呀！

如果你觉得单个个体在面对全球变暖之类的全球性问题时无计可施的话，那你就大错特错了！看似日常的选择，只要经过日积月累，也会产生不同的结果。只要我们做了正确的选择，那么，任何努力都不算白费。

我已经准备好去做点儿什么了，请告诉我该做什么！

在这里，我可以给你一些建议！尽量回收所有可以回收的

东西，但回收应该算作是最后的解决方案，第一步应该是减少消耗。比如，只在需要的时候才用纸张，这样可以保护树木；尽量喝用水壶装的自己烧的白开水，而不是塑料瓶装矿泉水；尽量减少使用一次性容器（如一次性塑料袋），购买包装材料少的产品……其次，减少产生垃圾也很必要，我们应该去尝试重复使用原本打算扔掉的物品和材料，有效实现废物利用。当然，最好是不产生垃圾！

那我们需要减少洗漱频率吗？

那倒是没有必要，不过我们要树立一种保护水资源的意识。

其实，我们并没有意识到我们浪费了许多水。世界上的许多地方，并不是随时都可以使用到干净卫生的水。另外，由于全球变暖，地球上的某些地区会变成干旱地区，这样的情况可能还会进一步恶化，干旱地区的数量可能会变得越来越多。

污染是从什么时候开始产生的？

大概二十八亿年前，地球上就存在污染了！

难道那个时代就有汽车了？

不，别想多了，那个时候还没有汽车。但是，当时已经产生了蓝细菌和微生物等好氧生物，我们可以将好氧生物定义为地球上的第一种污染形式。

这些蓝细菌做了什么？

蓝细菌学会了利用太阳光的能量，借助水和二氧化碳来构造自己的身体。在这个光合作用过程中，氧气—— 一种新的、对厌氧生物来讲有毒的物质产生了。

所谓厌氧生物，就是在没有氧气的条件下可以生存的生物，当时它们遍布整个地球。这就是为什么我们可以说，好氧生物是有史以来第一种全球性的、自然的污染形式！

那我们今天所指的污染是从什么时候开始产生的呢？

通常来讲，如今所说的污染是指由于人类活动对空气、水和土壤造成影响，改变了环境正常状态的现象。主要污染来源有汽车尾气排放、家用和公共建筑的取暖设备等。另一些重污染区域则位于工业园区附近。我们可以这样说：人类社会如今遭遇的所有的污染都始于工业革命时期。

最有害的物质是哪些呢?

主要的空气污染物有二氧化硫、铅、一氧化碳、二氧化氮、臭氧和大气颗粒物，其中的大气颗粒物就包含了我们常说的“$PM_{2.5}$”。

但是为什么说这些物质是有害的呢?

首先，许多与人类健康相关的风险都与空气污染有关。例如 $PM_{2.5}$ 会造成严重的呼吸问题，伤害循环系统和肺部。另一种对健康不利的空气污染物是臭氧，这种气体的浓度在整个地球上都有一定的增加。

怎么会这样呢，我有些不明白，臭氧不是可以保护我们免受来自太阳有害射线的伤害吗?

你说得没错。在平流层中有大量好的臭氧，而平流层处在距地球表面十至五十千米的高空中——其高度远高于飞机的飞行高度，这些臭氧能很好地保护地球上的生命免受太阳紫外线的伤害。

另外，在大气层下部、最接近地球表面的对流层中还存在着坏的臭氧。对流层中形成的臭氧既有因自然原因（例如闪电）而产生的，也有因人类污染活动而产生的。当对流层中的臭氧浓度变得很高时，这些臭氧就变得有害了：它们会引起人类的健康问题并且损害植被。

在这里要提醒大家一点，不管是平流层中还是对流层中的臭氧分子都一样，但是根据分布位置的不同，其产生的效果会非常不同。不仅如此，对流层中的臭氧还会像温室气体一样！如你所见，气候和污染是相互联系的，如同同一枚硬币的正反两面。

可是一谈到污染，我就想咳嗽……

但我们还是要谈得更多一些，我们应该明白，步行、少有摩托车和汽车的马路，对保护气候是很重要的。

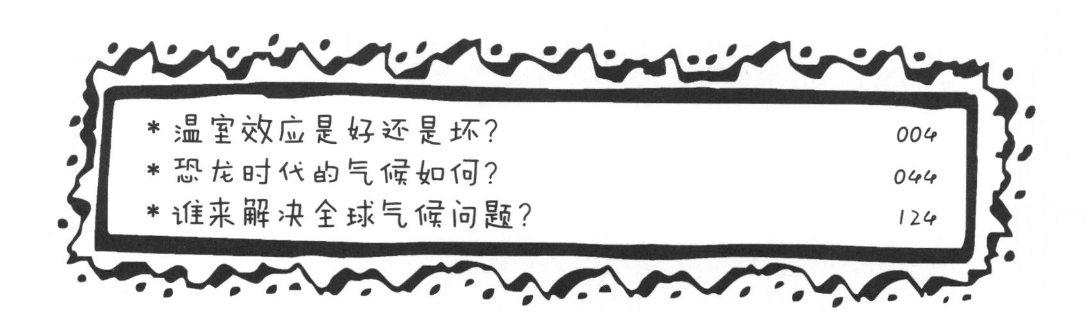

北极更冷
还是南极更冷？

北极地区和南极大陆都很寒冷，因为它们都受不到太阳光的直射。因此，比起地球上的其他地方，两极会更冷。

另外，两极在一年四季里都只能被太阳光斜射，因为即使在夏季，太阳也无法升高至两极的地平线以上位置。

那北极和南极一样冷吗？

错！虽然南北两极能接收到相同量的太阳光，但冷的形式却不同。这两个完全处于地球两端的区域有一个很重要的不同点：北极地区是一片海洋，有浮冰漂浮在海面上；而南极大陆则是一整块陆地，一整块被海洋包围的陆地。

这两者有什么不同吗？

当然有！北冰洋虽然冷，但海水不像冰一样冷，这一点足以让空气变暖。可以这样说，北极比南极要温和！此外，南极洲是一个平均海拔约两千五百米的大陆……大家都知道，海拔越高，就越冷，就像在山里一样！

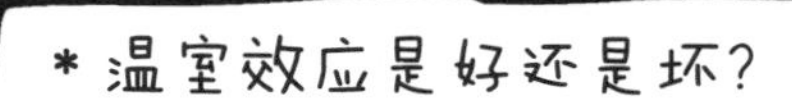

* 温室效应是好还是坏？ 004
* 冰川能让地球保持凉爽吗？ 018

有没有一直被冰层覆盖的土地？

当然有，它还有一个奇怪的名字：永冻层。顾名思义，这个词是指一部分永远结冰的土壤。

“永冻层”听起来像是一个速冻食品的品牌！这个词是怎么组成的？

永冻层的英文为permafrost，其中“frost”是“霜”的意思，因此永冻层的字面意思就是“永远的霜”。

永冻层存在于极地附近，例如西伯利亚地区。不过，一些高海拔的山区和高原也有永冻层，意大利境内也有。

永冻层里面有什么？

永冻层中含有数十亿吨有机碳，其含量是工业革命前大气中碳含量的两倍。

这些碳是不是最好留在永冻层里？

当然。但是地球正在变暖，所以跟所有的冰川一样，永冻层也开始融化。当它融化的时候，里面储存的碳就会以温室气体的形式释放出来，例如二氧化碳。

特别值得一提的是甲烷，在保持热量方面，它比二氧化碳的威力更强。这些气体最终都会留在大气中，大气中存在大量的温室气体也加速了全球变暖的进程。

就像猫咬自己的尾巴一样?

对！但是就像猫没有任何责任一样，地球本身也没有任何责任！

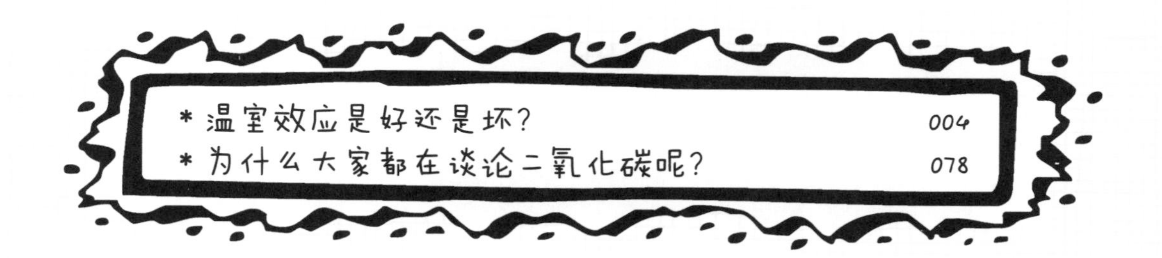

谁来解决全球气候问题？

气候变化及其后果是一个关乎全球的问题。为此，各个国家必须团结起来合作寻求解决方案。

那各个国家如何共同决定该采取什么措施呢？

自 1995 年以来，每年各个国家都会举行会议，商讨共同行动和策略，以应对气候变化。这些会议被称为“缔约方大会”。

第二十一届缔约方大会于 2015 年在巴黎举行，大会通过了旨在加强《联合国气候变化框架公约》及其目标的执行、促进可持续发展和消除贫困的多边应对气候变化的《巴黎协定》。

《巴黎协定》讲了什么？

《巴黎协定》规定，各方应加强对全球气候变化威胁的应对能力，把全球平均气温较工业化前水平上升幅度控制在两摄氏度内，并努力将气温上升幅度控制在一点五摄氏度以内。

只相差了零点五摄氏度而已，有什么不同吗？

联合国政府间气候变化专门委员会的科学家们告诉我们：半摄氏度的差异也会让情况变得非常不同。他们的报告里有一些非常清楚的数据：如果全球温度仅上升一点五摄氏度而不是两摄氏度，那么海平面上升的高度会低十厘米；北冰洋在夏季没有冰的情况可能平均一百年才会出现一次，而不是每十年就出现一次；珊瑚礁也将“仅仅”减少 70%至 90%，而不是完全消失。这只是很少的几个例子，但是却非常有启发性：至少对于生活在地球上的生物来讲，生存的风险会有所降低。

那气候问题有没有什么解决方案呢？

减少二氧化碳和其他温室气体的排放；使用可再生能源，也就是不再只以化石燃料为基础；减少浪费，提高能源效率；

限制森林砍伐；使用环保材料，促进基于资源再利用、零垃圾以及尊重环境的所谓“循环经济”的发展。

其实，所有的这些行动，既需要大家的自觉，也需要管理者制定法律，更需要融入到我们的日常生活中，我们称之为“节能减排”。这是一个非常重要的词，它意味着人类正在尝试从根本上解决问题，直面全球变暖的原因。

好吧，所以如果我们能做到节能减排就行了吗？地球就可以得救吗？

如果只是那样简单的话就好了！不，光靠节能减排是远远不够的，但它还是非常必要的！此外，我们必须善于适应那些已经出现并且无法避免的变化。简而言之，我们必须学会与曾经不习惯的事物或情况共存。

我来举一个具体的例子：在海平面可能上升、海啸发生频率可能增加的地区，我们可以通过修建屏障、种植耐旱或耐涝的作物、改变修建房屋的方式以应对不同的气候条件，继而食用和使用水消耗比较少的食物和其他东西。所以，当我们能做到这一切的时候，我们就可以拯救地球了。我们已经没有多余的时间可以浪费了！

如果未来我想成为一名气候科学家，我应该怎么做呢？

当然是学习。你可以去学习数学，或者物理学、生物学，还有化学、地理学或信息技术学。又或者，你也可以学习一下历史！气候其实是一个非常复杂的事物，研究者需要掌握方方

面面的知识。这也是它的迷人之处：所有人都可以在其中找到自己喜欢的部分。

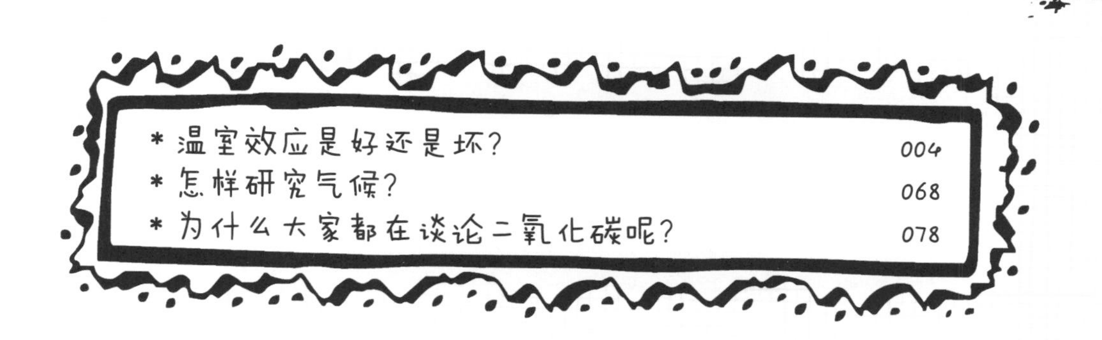

话题索引

关于两极、山脉、冰川

关于气候的历史

关于地球和人类

关于气候学

关于水、云、河流和海洋